Tanja Habersatter

Konstruktion und Steuerung einer mobilen Roboter-Wetterstation

AF153159

Tanja Habersatter

Konstruktion und Steuerung einer mobilen Roboter-Wetterstation

Theorie praktisch angewendet

AV Akademikerverlag

Impressum / Imprint

Bibliografische Information der Deutschen Nationalbibliothek: Die Deutsche Nationalbibliothek verzeichnet diese Publikation in der Deutschen Nationalbibliografie; detaillierte bibliografische Daten sind im Internet über http://dnb.d-nb.de abrufbar.

Alle in diesem Buch genannten Marken und Produktnamen unterliegen warenzeichen-, marken- oder patentrechtlichem Schutz bzw. sind Warenzeichen oder eingetragene Warenzeichen der jeweiligen Inhaber. Die Wiedergabe von Marken, Produktnamen, Gebrauchsnamen, Handelsnamen, Warenbezeichnungen u.s.w. in diesem Werk berechtigt auch ohne besondere Kennzeichnung nicht zu der Annahme, dass solche Namen im Sinne der Warenzeichen- und Markenschutzgesetzgebung als frei zu betrachten wären und daher von jedermann benutzt werden dürften.

Bibliographic information published by the Deutsche Nationalbibliothek: The Deutsche Nationalbibliothek lists this publication in the Deutsche Nationalbibliografie; detailed bibliographic data are available in the Internet at http://dnb.d-nb.de.

Any brand names and product names mentioned in this book are subject to trademark, brand or patent protection and are trademarks or registered trademarks of their respective holders. The use of brand names, product names, common names, trade names, product descriptions etc. even without a particular marking in this work is in no way to be construed to mean that such names may be regarded as unrestricted in respect of trademark and brand protection legislation and could thus be used by anyone.

Coverbild / Cover image: www.ingimage.com

Verlag / Publisher:
AV Akademikerverlag
ist ein Imprint der / is a trademark of
OmniScriptum GmbH & Co. KG
Heinrich-Böcking-Str. 6-8, 66121 Saarbrücken, Deutschland / Germany
Email: info@akademikerverlag.de

Herstellung: siehe letzte Seite /
Printed at: see last page
ISBN: 978-3-639-72848-4

Inhaltsverzeichnis

Abkürzungsverzeichnis

LCD	Liquid Crystal Display
I^2C	Inter Integrated Circuit
SCL	Serial Clock
SDA	Serial Data
LED	Light Emitting Diode
NiMH	Nickel Metallhydrid
MHF	Message Handling Frequency
RP-SMA	Reverse Polarity Subminiature version A
U.Fl	Ultra Small Surface Mount Coaxial Connector
PS3	PlayStation 3
RX	Receive
TX	Transmit
VCC	Versorgungsspannung
Gnd	Ground
OSI-Modell	Open Systems Interconnection Model
ADC	Analog Digital Converter
WLAN	Wireless Local Area Network

Abbildungsverzeichnis

Tabellenverzeichnis

Listingverzeichnis

1 Einleitung

Die Messung und Aufnahme von Umweltdaten hat für die Feststellung der Qualität des Lebensraumes eine große Bedeutung. Mit Hilfe der Messwerte können Umgebungen als lebensfreundlich oder –feindlich eingestuft werden. Der Luftdruck ist ein Indikator dafür, ob genügend Sauerstoff in der Luft vorhanden ist oder ob es überhaupt eine Atmosphäre gibt, in der Menschen überleben können. Auch die Temperatur stellt einen wichtigen Messwert dar, da bei zu hohen oder zu niedrigen Temperaturen kein Leben möglich ist. Erst wenn eine Umwelt keine lebensbedrohenden Auswirkungen auf Lebewesen darstellt, kann die Umgebung genauer untersucht und essentielle Lebensbedingungen durch Wetterdaten festgestellt und beurteilt werden.

Die Bestimmung des Wetters kann zum einen durch eine punktuelle Ermittlung von Messwerten geschehen, wodurch zum Beispiel eine akute Wetteränderung erkannt wird. Des Weiteren können mit regelmäßigen Einzelmessungen langfristige Veränderungen im Klima festgestellt und überwacht werden. Solche Einzelmessungen werden im technologisch-wissenschaftlichen Bereich meist mit digitalen Sensoren über eine Funkverbindung durchgeführt. Dieses Verfahren liefert zuverlässige Werte und ist mit wenig Aufwand anwendbar, zudem kann eine kontinuierliche Umweltdatenbestimmung erfolgen. Mit dem gewonnen Messdatenverlauf können rasante Schwankungen in der Umgebung überwacht werden. Hierzu gehören vor allem rasch aufziehende Gewitter und Stürme, die schon im Vorhinein prognostiziert werden können. Dadurch können eventuelle Vorbeugemaßnahmen getroffen und die möglicherweise entstehenden Schäden im besten Fall vermieden oder zumindest minimiert werden.

Der Mars Rover „Curiosity" (siehe Abbildung 1) basiert auf dem Prinzip eines fahrenden Roboters, der mit Hilfe von Sensoren Messungen durchführt und Umweltdaten aufnimmt, um eventuell mögliches Leben auf der Oberfläche des Mars festzustellen. Im Rahmen der Mars Science Laboratory (MSL) Mission landete der

Rover im August 2012 im „Gale Krater" auf dem Mars, um dessen Eignung für menschliches Leben zu prüfen. Es wurden unterschiedliche Laborgeräte im Rover verbaut, um wissenschaftliche Schlüsse auf mögliches Leben der Vergangenheit oder Zukunft auf dem erdnahen Planeten zu ziehen. Mit Hilfe von Kameras, Sensoren, Chromatographen, Massenspektrometern und weiteren Instrumenten können unter anderem Gase in der Atmosphäre, radioaktive Strahlung, Temperaturschwankungen und auch Wasserrückstände in Gesteinsbrocken untersucht werden [1].

Abbildung 1: Curiosity [2]

Ein weiterer Vertreter dieser Roboter ist der in Abbildung 2 ersichtliche „Monirobo", der im nuklear verseuchten Gebiet von Fukushima Einsatz findet. Der Name setzt sich aus den Schlagwörtern „Monitor" und „Robot" zusammen, was auch seine Aufgabe gut beschreibt. Durch Sensoren, die am Roboter angebracht sind, werden bestimmte Messungen, wie z.B. die Stärke der radioaktiven Strahlung, durchgeführt. Die Daten werden auf einen Monitor übertragen, der sich in einem sicheren Abstand zum verseuchten Gebiet befindet. Dort können Wissenschaftler den bedrohlichen Lebensraum analysieren und bestimmte Tests durchführen, ohne sich selbst in Lebensgefahr bringen zu müssen. Im Gegensatz zum Mars Rover „Curiosity", in dem ein Fahrwerk mit sechs einzeln angetriebenen Rädern verbaut ist, wird der „Monirobo" mit einem Raupenfahrwerk angetrieben. Der Raupenantrieb hat sich auf schwer befahrbarem Untergrund bereits bei Militärfahrzeugen, wie z.B. Panzern, oder auch bei Schneefahrzeugen, wie z.B. Pistenraupen, bewährt [3].

Abbildung 2: Monirobo [3]

Die Aufgabenstellung dieses Projektes ist es, einen drahtlos ferngesteuerten Raupenroboter mit zugehöriger Kommandozentrale zur Feststellung und Überwachung von Umweltdaten zu konstruieren und zu programmieren. Der Zweck des Roboters liegt in der Aufnahme von Wetterdaten, auch in unwegsamem Gelände und unter unwirtlichen Bedingungen. Die gemessenen Daten werden – ähnlich dem Monirobo – vom Roboter per Funk an die Kommandozentrale gesendet, die bis zu einer Entfernung von 100m abgesetzt werden kann und sich beim Benutzer befindet. Dort werden die Daten verarbeitet, aufbereitet und auf einem im Steuer- und Anzeigepult eingebauten Display angezeigt, wie in Abbildung 3 schematisch dargestellt ist.

Ähnlich wie bereits vorhandene Wetterstationen zeigt der mobile Wetter-Roboter sowohl Datum und Uhrzeit, als auch Temperatur, Luftfeuchtigkeit und Luftdruck an. Der Unterschied zu einer handelsüblichen Funk-Wetterstation liegt darin, dass der Roboter mit einem Controller ferngesteuert wird und dadurch unabhängig vom Standort des Benutzers in die jeweilige Messumgebung fahren kann. Mithilfe von Elektromotoren und einem Raupenantrieb kann sich die mobile Roboter-Wetterstation auch abseits von befestigten Wegen und Straßen bewegen.

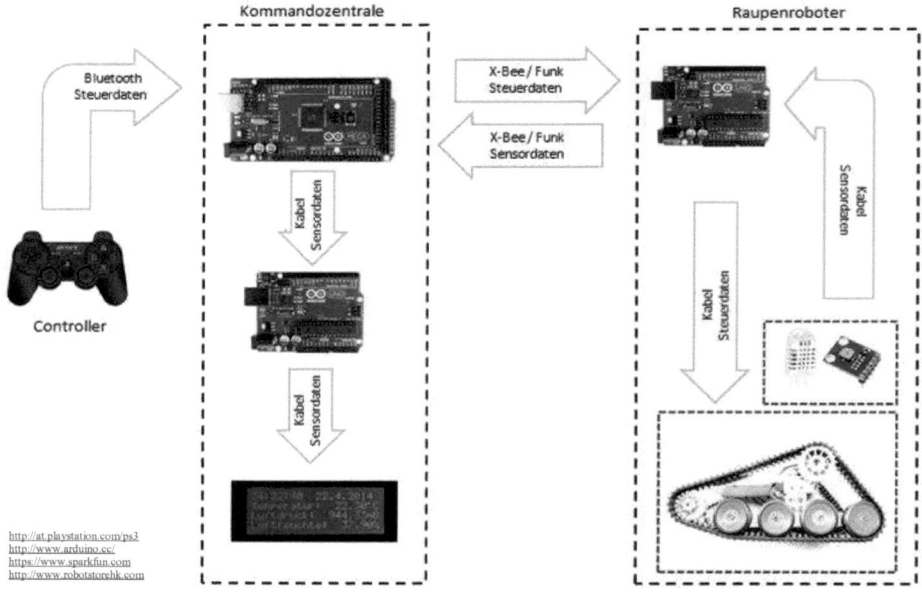

Abbildung 3: Schematische Darstellung des Projektes

In weiterer Folge werden die unterschiedlichen mechanischen und elektronischen Hardwarekomponenten, die für die Realisierung dieses Projektes benötigt werden, genauer beschrieben. Angeführt werden Aufbau und Funktionsweise der elektronischen Bauteile, wie auch ein Überblick über deren Programmierung. Die Bauteile werden ebenso wie die Konstruktion des Roboterchassis und des Pultgehäuses grob erläutert. Abschließend werden unterschiedliche Testfälle aufgebaut und Versuche durchgeführt, woraus sich wichtige Erkenntnisse und Erfahrungswerte sammeln lassen. Dadurch können etwaige Erweiterungen und Verbesserungsmöglichkeiten diagnostiziert werden.

2 Hardware-Komponenten

Die Hardware des Raupenroboters wird in elektronische und mechanische Komponenten unterschieden. Zwei Kunststoffketten mit Zahnrädern und jeweils einem Getriebemotor ermöglichen die Fahrbewegung des Kettenroboters. Zur Ansteuerung der Getriebemotoren wird ein Motortreiber, der die beiden Zahnräder ansteuert, verwendet. Der Motortreiber selbst ist ein Bestandteil des Arduino Motorshields. Um einen kabellosen bzw. netzlosen Betrieb des Raupenfahrzeuges zu ermöglichen, wird die maximale Stromaufnahme berechnet und ein entsprechender Akku verbaut. Der Raupenroboter beinhaltet zwei Wettersensoren mit drei Funktionen und eine XBee-Komponente zur drahtlosen Datenübertragung. Damit der Roboter alle Komponenten verwalten, die Sensoren ansteuern und die Fahrbewegung realisieren kann, wird ein Arduino Uno Rev 3 Mikrocontroller Board verbaut. Das Raupenfahrzeug wird kabellos mit einem PlayStation 3 Controller über Bluetooth ferngesteuert und überträgt die Sensordaten mittels Funk auf ein Display zur Kommandozentrale. Am Steuerpult werden die Daten des Kettenfahrzeugs empfangen und auf dem integrierten LCD zur Anzeige gebracht.

2.1 Raupenantrieb

Die Geschichte des Raupen- oder Kettenantriebs geht auf die Erfindung einer anwendungstauglichen Gleiskette ins Jahr 1901 zurück. Im Jahr 1925 wurde die heute noch existierende Firma Caterpillar gegründet, die erste Kettenfahrzeuge herstellte. Diese wurden ausschließlich durch einseitigen Bremseneingriff oder getrennte Drehzahlregelung von zwei Fahrmotoren gelenkt, was zu schlechten Fahreigenschaften und hohem Verschleiß führte. Ein wesentlicher Fortschritt der Lenktechnik wurde durch das sogenannte Doppeldifferential erreicht, welches es ermöglichte, die Gleisketten separat ohne Bremseneingriff zu steuern. Deutsche Panzer im Zweiten Weltkrieg hatten sogenannte Zweiradien-Lenkgetriebe, wodurch mittels Verzögerung der Kette in jedem Gang eine Bogenfahrt in zwei bestimmten Radien möglich war [4].

Der ursprüngliche und prinzipielle Aufbau einer sogenannten Gleiskette besteht aus stählernen Laufflächengliedern, die mit Scharnieren zu einer geschlossenen Kette verbunden sind. Prinzipiell entsteht dadurch unter dem Fahrzeug eine eigene Fahrstraße, was beispielsweise im englischen Begriff „Caterpillar Track" zum Ausdruck kommt. Mittig auf der Innenseite der Kettenglieder sind erhöhte Ausformungen angebracht, die durch die Aneinanderreihung mit den anderen Gliedern eine Spurführung für die Trag- und Laufräder bilden – sie haben damit eine „Gleis"-Funktion. Weitere Ausformungen auf der Innenseite dienen als Eingriff für das Antriebsrad.

Heute gibt es auch Bauformen mit „Gummi-Ketten", sogenannten Laufbändern, die ähnlich wie eine Reifenlauffläche aufgebaut sind. Mehrere Lagen aus Gewebe und Stahl werden mit Reifengummi umspritzt und profiliert. Die Vorteile sind eine wesentlich bessere Laufruhe des Laufbandes, höhere mögliche Geschwindigkeiten und Schonung des befahrenen Untergrundes. Gummiketten sind in der Regel wartungsärmer und günstiger in den variablen Kosten, unterliegen allerdings höherem Verschleiß bzw. einer geringeren Lebensdauer.

Gleiskettenfahrzeuge oder Raupenfahrzeuge fahren auf eigenen Flach-Gliederketten (auch Gleisketten oder Raupenketten genannt). Zusammen mit dem motorischen Antrieb und dem Chassis haben sie ein sogenanntes Kettenlaufwerk. Das Antriebsrad des Laufwerks befördert die Kettenglieder in Fahrtrichtung vorwärts, wobei der Rest des Fahrzeugs auf den Lauf- und Führungsrädern mitgezogen wird. Die Kettenantriebe jeder Seite können unabhängig voneinander, bei einigen Bauformen sogar gegenläufig angetrieben werden. Dadurch ist es bei manchen Lenkungsbauformen möglich, auf der Stelle zu drehen. Vorteile von Fahrzeugen mit Kettenlaufwerken gegenüber Radfahrzeugen sind zum einen die Verteilung der Masse bzw. der Gewichtskraft des Fahrzeugs auf eine größere Fläche und damit eine Verringerung des Drucks auf den Untergrund (Bodendruck). Zum anderen wird die Aufstandsfläche erheblich vergrößert und erfasst dabei in unebenem Gelände mehr Aufstandspunkte, wodurch das Fahrzeug eine gleichmäßigere Fahrbewegung erreicht. Die Geländegängigkeit wird insgesamt erhöht [5]. Im Weiteren wird speziell auf das verbaute Raupenfahrwerk der Roboter-Wetterstation eingegangen.

Der Raupenantrieb des zu entwickelnden Roboters besteht aus unterschiedlichen Bauteilen, die aus Aluminium und Kunststoff gefertigt sind, wie in Abbildung 4 erkennbar ist. Der Roboter ist mit zwei Gleichstrommotoren ausgestattet, die eine Vorwärts- und Rückwärtsbewegung ermöglichen. Die Betriebsspannung der Motoren liegt bei 6-12V. Die Größe des Raupenantriebs liegt bei einer Länge von 300mm, einer Breite von 260mm und einer Höhe von 135mm. Das Eigengewicht des Raupenantriebs liegt bei 800g und die maximale Belastung wird mit 4-5kg angegeben [6].

Abbildung 4: Raupenantrieb [6]

2.2 Motor, Motorshield und Motortreiber

Die zwei Zahnräder des Raupenantriebs müssen für die Fahrtbewegungen unabhängig voneinander angesteuert werden und benötigen somit jeweils einen eigenen

14

Motor. Es wird ein bürstenloser 6-12V Elektromotor [7] verwendet, der mit Gleichstrom betrieben wird. Wenn das Getriebe blockiert, hat der Motor eine maximale Stromaufnahme von 6A und eine maximale Kraft von 3,53Nm [7].

Das verwendete Adafruit Motorshield v2 [7] ist für unterschiedliche Elektromotoren ausgelegt, wie zum Beispiel Schrittmotoren und Gleichstrommotoren. Für den verwendeten 6-12V Gleichstrommotor muss die Beschaltung folgendermaßen durchgeführt werden. Das Motorshield benötigt eine Versorgungsspannung von 5-12V und hat eine Stromaufnahme mit Spitzen von bis zu 3.000mA und einer Dauerbelastung von 1.200mA pro Motor. Der integrierte Motortreiber nimmt Befehle über eine serielle Schnittstelle entgegen und steuert die beiden Motoren entsprechend an [7].

Der integrierte TB6612 MOSFET Treiber wird über das Motorshield direkt vom Arduino Uno Rev 3 über dessen serielle Schnittstelle angesteuert und treibt die beiden Motoren des Raupenfahrwerkes. Der Motortreiber wird im DC-Motor-Modus betrieben, wodurch sich die beiden Motoren einzeln ansteuern lassen. Die Geschwindigkeitswerte, die vom PS3 Controller empfangen werden, werden softwaremäßig ausgewertet und über ein eigenes Programm, welches in Kapitel 6.1.1 beschrieben wird, gesteuert [7].

2.3 Mikrocontroller

Der Arduino Uno Rev 3 [8] ist ein Mikrocontroller-Board, basierend auf dem ATmega328P von Atmel, und wird zweimal im Projekt verbaut. Der erste dient als Hauptplatine des Kettenroboters und der zweite wird als Nebenprozessor in der Kommandozentrale verbaut. Als Hauptprozessor in der Kommandozentrale kommt ein Arduino Mega 2560 zum Einsatz.

Am Kettenroboter übernimmt der Mikrocontroller die folgenden drei grundlegenden Aufgaben: Datenübertragung und –empfang über die XBee-Funkschnittstelle, Steuerung des Raupenantriebs und Empfang und Verarbeitung der digitalen Wet-

15

tersensordaten. Mit dem aufgesteckten XBee-Shield hat der Roboter Verbindung zur Kommandozentrale. Über diese Funkverbindung werden die Steuersignale für den Kettenantrieb empfangen und via serieller Schnittstelle über das ebenfalls aufgesteckte Motorshield auf den Motortreiber und den Motor weitergeleitet. Ebenso werden über die eingebauten Wettersensoren die Daten direkt vom Arduino empfangen, aufbereitet und wiederum über die serielle Schnittstelle, mittels XBee, an die Kommandozentrale übertragen.

Bei der Kommandozentrale dient der Arduino Uno Rev 3 zur Aufbereitung und Anzeige der Wetterdaten am LCD. Die Aufgaben Datenempfang und –übertragung über das zweite XBee-Interface und Empfang und Verarbeitung der via Bluetooth empfangenen Steuerkommandos vom drahtlosen PS3 Controller werden vom Arduino Mega 2560 übernommen. Obwohl die Anschlüsse des Arduino Mega 2560 alleine ausreichen würden, müssen wegen der hohen Anforderungen an den Prozessor zwei Mikrocontroller verbaut werden. Wenn das gesamte Programm mit den zwei unterschiedlichen Übertragungsprotokollen und Systemlaufzeiten auf einem Mikrocontroller ausgeführt wird, entsteht ein Laufzeitfehler und die Steuerung des Roboters erfolgt mit einer großen Verzögerung. Dadurch wird ein Ausweichen oder Stoppen vor Hindernissen um ein Vielfaches erschwert. Durch die zwei verbauten Mikrocontroller kann das Programm in zwei Teile gegliedert werden, wodurch die gestellten Aufgaben getrennt voneinander abgearbeitet werden können und das Programm parallel ablaufen kann.

Über das oben genannte XBee-Funkinterface werden einerseits die Wetterdaten des Roboters empfangen, aufbereitet und am Display angezeigt. Zusätzlich wird über das Real-Time-Clock-Modul das Datum und die Uhrzeit am LCD angezeigt. Andererseits werden die Steuersignale via Bluetooth, das über ein aufgestecktes USB-Host-Shield mit einem Bluetooth-Dongle am Arduino kommuniziert, vom PS3 Controller empfangen, aufbereitet und an den Roboter über XBee weitergeleitet.

2.4 Sensorik

Zur Aufzeichnung der Wetterdaten in der Umgebung werden zwei digitale Sensoren verbaut, die jeweils die Temperatur und entweder die Luftfeuchtigkeit oder den Luftdruck messen können. Die beiden Sensoren werden im Mast am Chassis des Raupenfahrzeuges verbaut, was im Folgenden genauer beschrieben wird.

2.4.1 Sensor für Luftfeuchtigkeit und Temperatur

Der in Abbildung 5 ersichtliche Temperatur- und Luftfeuchtigkeitssensor DHT22/AM2302 [9] zeichnet sich durch seine hohe Präzision aus, wie in Tabelle 1 beschrieben. Im Vergleich zu anderen Sensoren dieser Preisklasse weist er nur eine minimale Abweichung im Bereich der Temperatur und Luftfeuchtigkeit auf.

Parameter	Wert
Versorgungsspannung	3,3 - 6V DC
Sensorelement (Messtechnik)	Polymer Luftfeuchtigkeits - Kondensator
Messbereich (Luftfeuchtigkeit)	0% - 100%
Messbereich (Temperatur)	-40°C ~ +80°C
Abweichung (Luftfeuchtigkeit)	+- 2%
Abweichung (Temperatur)	+- 0,5° Celsius

Tabelle 1: Technische Daten Luftfeuchtigkeitssensor DHT22/AM2302 [9]

Der Sensor besteht aus vier Pins, wobei der erste mit 5V Versorgungsspannung und der vierte mit Ground über eine Steckplatine mit den jeweiligen Pins des Arduino Uno Rev 3 verbunden werden müssen. Der zweite Pin liefert das Datensignal, welches parallel über einen 4k7Ω Pullup-Widerstand zur Spannungsversorgung an den digitalen Eingang D7 des Arduino angeschlossen wird. Der dritte Pin ist nicht belegt und wird bei diesem Aufbau nicht benötigt.

1 2 3 4

Abbildung 5: Temperatur- und Luftfeuchtigkeitssensor DHT22/AM2302 [9]

In Abbildung 6 ist die genaue elektrische Funktions- und Arbeitsweise des Sensors dargestellt. Zu Beginn wird vom Mikrocontroller ein Startsignal gesendet, auf welches der Sensor reagiert und vom Standby- in den Running-Modus wechselt. Auf das Ende des Startsignals vom Prozessor antwortet der Sensor mit einem 40 Bit langem Signal, das die relative Luftfeuchtigkeit und die Temperatur in der Umgebung des Sensors wiedergibt. Für jedes Startsignal erfolgt ein Antwortsignal mit den Werten für die Luftfeuchtigkeit und die Temperatur. Wenn die Datenübertragung beendet wird und der Prozessor kein weiteres Startsignal sendet, schaltet der Sensor automatisch wieder in den Standby-Modus. In Abbildung 6 ist der gesamte Kommunikationsprozess dargestellt. Ein Intervall des gesamten Prozesses beläuft sich auf ungefähr 2 Sekunden [9].

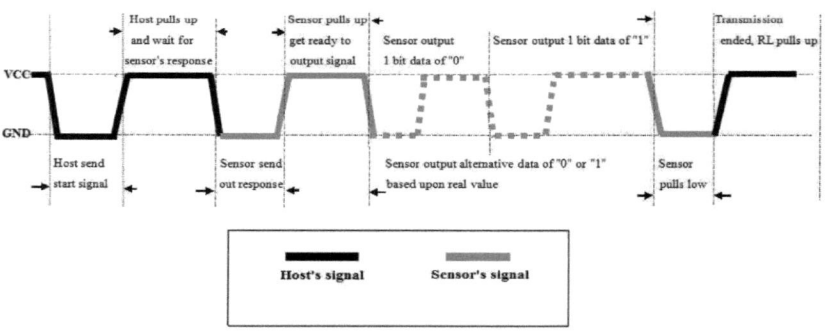

Abbildung 6: Datenübertragungsprotokoll zwischen Sensor und Mikrocontroller [9]

2.4.2 Sensor für Luftdruck und Temperatur

Um den Luftdruck in der Umgebung messen zu können, wird der in Abbildung 7 dargestellte Luftdrucksensor BMP085 [10] verbaut. Dieser Sensor verfügt ebenfalls über die Möglichkeit, die Temperatur in der Umgebung zu messen, jedoch wird diese Funktion beim Raupenfahrzeug nicht aktiviert, da der Messbereich mit 0°C – 65°C sehr eingeschränkt ist. Die technischen Daten dieses Sensors werden in Tabelle 2 genauer angeführt. Dieser Sensor ist im Bereich des atmosphärischen Drucks mit einer hohen Genauigkeit ausgestattet, was ihn von anderen Sensoren, die ähnlich funktionieren, deutlich hervorhebt. Für den Schaltungsaufbau in diesem Projekt werden bei diesem Sensor nur vier der sechs vorhandenen Pins benötigt. Die Versorgungsspannung beträgt 3,6V und wird gleich wie der Massenanschluss über eine Platine mit den jeweiligen Pins des Arduino Uno Rev 3 Mikrocontroller verbunden.

Parameter	Wert
Versorgungsspannung	1,8 – 3,6V DC
Sensorelement (Messtechnik)	Piezo - Widerstand
Messbereich (Luftdruck)	300hPa – 1100hPa
Messbereich (Temperatur)	0°C ~ +65°C
Abweichung (Luftdruck)	+- 6hPa
Abweichung (Temperatur)	+- 1° Celsius

Tabelle 2: Technische Daten Luftdrucksensor BMP085 [10]

Zur Datenübertragung wird ein I^2C-Protokoll verwendet, das nur die zwei Leitungen SCL und SDA benötigt, welche mit den jeweiligen Pins des Mikrocontrollers verbunden werden. Über SCL wird der Takt über die Clockrate vorgegeben und über SDA werden die digitalen Daten an den Mikrocontroller gesendet.

Abbildung 7: BMP085 Digital-Modul Höhenmesser und Temperatur [10]

Der Luftdruck lässt sich mit Hilfe der „Internationalen Standardatmosphäre" [11], die so von der International Civil Aviation Organization (ICAO) definiert wurde, feststellen. Die „Internationale Standardatmosphäre" stellt eine Atmosphäre dar, bei der die Größen Luftdruck, Lufttemperatur, Luftfeuchtigkeit sowie Temperaturabnahme je 100 m Höhenstufe Werte haben, die ungefähr gleich den auf der Erde herrschenden Mittelwerten sind. Damit entspricht sie etwa den in mittleren Breiten von 40° nördlicher Breite herrschenden Druck- und Temperaturverhältnissen (15 C und 1013,25hPa).

Setzt man die Referenzhöhe h_0 auf Meereshöhe und nimmt für die dortige Atmosphäre einen mittleren Zustand an, wie er durch die „Internationale Standardatmosphäre" beschrieben wird (Temperatur 15°C, Luftdruck 1013,25hPa, Temperaturgradient 0,65K pro 100m), so erhält man die „Internationale Höhenformel" für die Troposphäre (gültig bis 11km Höhe):

$$p(h) = \frac{1}{0,0000225577} * \left(1 - \left(\frac{gemessener\ Druck}{101325} \right)^{\frac{1}{5,25588}} \right) \qquad (1)$$

Formel (1) erlaubt die Berechnung des Luftdrucks auf einer gegebenen Höhe, ohne dass Temperatur und Temperaturgradient bekannt sind. Die Genauigkeit im konkreten Anwendungsfall ist allerdings begrenzt, da der Berechnung statt des aktuellen Atmosphärenzustands eine mittlere Atmosphäre zugrunde gelegt wird [11].

Aus der Berechnung ergibt sich ein relativer Druck auf der gemessenen Höhenlage, woraus Rückschlüsse auf die kommende Wetterlage gezogen werden können. Hoher barometrischer Druck lässt auf eine Schönwetterfront schließen, wonach im Gegensatz dazu ein Tiefdruckgebiet auf einen Umschwung mit Schlechtwettereinbrüchen warten lässt.

Aus Abbildung 8 lässt sich eine fallende Kurve der Standardatmosphäre des barometrischen Drucks in Bezug auf die absolute Höhe erkennen. Abweichend von den Werten dieser Kurve kann von auftretendem Hochdruck oder Tiefdruck gesprochen werden [10].

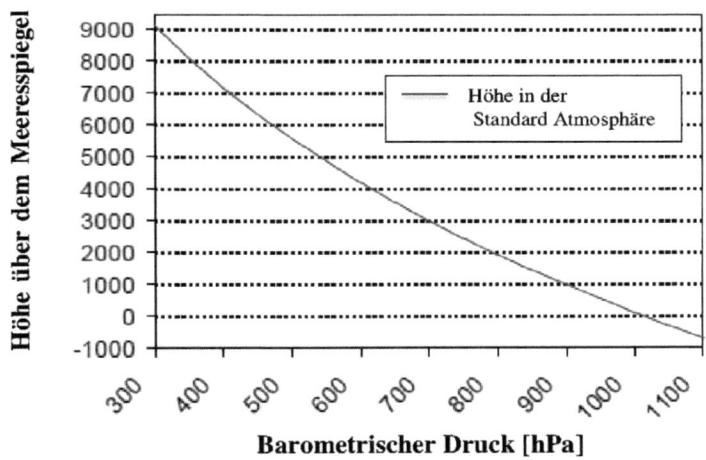

Abbildung 8: Barometrischer Druck in Abhängigkeit vom Meeresspiegel [10]

3 Kommunikation und Datenaustausch

Für die Datenübertragung zwischen Controller, Raupenroboter und Kommandozentrale wird eine Funkverbindung aufgebaut. Für die drahtlose Datenverbindung werden zwei verschiedene Techniken und unterschiedliche Komponenten verwendet. Zwischen Roboter und Anzeige- bzw. Steuerpult wird eine XBee-Verbindung hergestellt, die auf einer Frequenz von 2,4GHz arbeitet. Zwischen Kommandozent-

21

rale und PS3 Controller wird eine Funkverbindung mittels Bluetooth hergestellt, um ebenfalls eine größtmögliche Bewegungsfreiheit zu gewähren. Der genaue Aufbau und die Vermeidung einer gegenseitigen Störung der Funkverbindungen werden im Anschluss beschrieben.

3.1 Datenübertragung mittels XBee

Die Datenübertragung der Sensorik erfolgt über Funk mittels zweier XBee-Shields [12] und zugehörigen XBees vom Raupenfahrzeug zum Steuerpult. Ein XBee ermöglicht den Datenaustausch zwischen zwei Mikrocontrollern per Funk. Das XBee-Shield ist eine Platine, die direkt auf den Arduino Uno Rev 3 Mikrocontroller gesteckt wird und die Pins vom Mikrocontroller auf die Platine durchverbindet. Es verfügt über eine Aufnahme für ein XBee-Modul, welches die für die drahtlose Datenübertragung benötigten Pins RX, TX, 5V VCC und Gnd an den Mikrocontroller verbindet. Das eingebaute XBee-Modul überträgt die Daten mit einer Leistung von 1mW und verfügt über einen U.FL Anschluss für eine externe Antenne. Das 2,4GHz Modul von Digi XBee verwendet einen Standard IEEE 802.15.4-Stack und ermöglicht mit dem Protokoll, das auf die Norm des OSI-Modells aufgebaut ist, einen seriellen Befehlssatz in den spezifizierten OSI-Schichten Physical Layer und Mac Layer zu verwenden. Die Stromaufnahme liegt bei 50mA bei einer Spannung von 3,3V. Die maximale Datenrate liegt bei 250kbps bei einer Ausgangsleistung von 1mW mit 0dBm. Die Reichweite zwischen den beiden XBee-Modulen beträgt 100m. Das XBee-Modul verfügt über sechs 10-Bit-ADC Eingangspins und acht digitale I/O-Pins. Die Konfiguration der beiden Module erfolgt lokal und wird mit 128-Bit verschlüsselt. Das XBee-Modul kann als Punkt zu Punkt Verbindung aufgebaut werden, es unterstützt aber auch Mehrpunkt-Netzwerke [13].

Um die Reichweite des XBee-Moduls von 100m zu gewährleisten, wird eine externe Antenne am Raupenfahrzeug und an der Kommandozentrale angebracht. Zur Verbindung wird ein Antennenkabel für den U.FL/MHF Anschluss auf einen RP-

SMA Stecker verwendet. Als Antenne wird eine WLAN Kippantenne verwendet, die auf einer Frequenz von 2,4 bis 5,8GHz arbeitet [14].

3.2 Datenübertragung mittels Bluetooth

Die drahtlose Fernsteuerung des Raupenfahrzeuges erfolgt mittels PlayStation 3 Controller, über das eingebaute Bluetooth-Modul vom Controller auf ein USB-Bluetooth-Dongle in der Kommandozentrale. Der handelsübliche PS3 Controller ist wegen seines analogen Joysticks ideal als Fernsteuerung für den Kettenroboter geeignet. Es werden die X- und Y-Achse des Joysticks ausgewertet und daraus die gewünschte Fahrtrichtung errechnet. Das Bluetooth-Dongle wird durch ein entsprechendes Arduino USB-Host-Shield mit dem Arduino Uno Rev 3 Mikrocontroller bei der Kommandozentrale verbunden. Vom Steuerpult aus werden die empfangenen Bluetooth-Daten verarbeitet und über die XBee-Verbindung zwischen Kommandozentrale und Raupenfahrzeug gesendet. Die Geschwindigkeit des Roboters wird über den Joystick-Ausschlag gesteuert [15]. Beim Kettenroboter werden die Daten aufbereitet, an den Arduino Uno Rev 3 Mikrocontroller weitergeleitet und ausgeführt.

Das verwendete Hama Bluetooth-Dongle empfängt die Steuersignale des PlayStation 3 Controllers und gibt sie an das USB-Host-Shield weiter [16]. Dieses Shield verarbeitet die Daten und leitet sie an den Arduino Uno Rev 3 Mikrocontroller weiter. Dort werden dann die jeweiligen Befehle ausgeführt, oder über die XBee-Verbindung weiter an das Raupenfahrzeug gesendet [17].

3.3 Kommandozentrale mit LCD

Die in Abbildung 9 ersichtliche Kommandozentrale ist ein Steuer- und Anzeigepult beim Benutzer. Darin befindet sich ein Arduino Uno Rev 3 Mikrocontroller mit dem Bluetooth-USB-Host-Shield, dem Bluetooth-Dongle, unterschiedlichen LEDs zur Anzeige der noch vorhandenen Akkulaufzeit und dem Display. Der Aufbau der Kommandozentrale wird in Kapitel 5.2 genauer beschrieben.

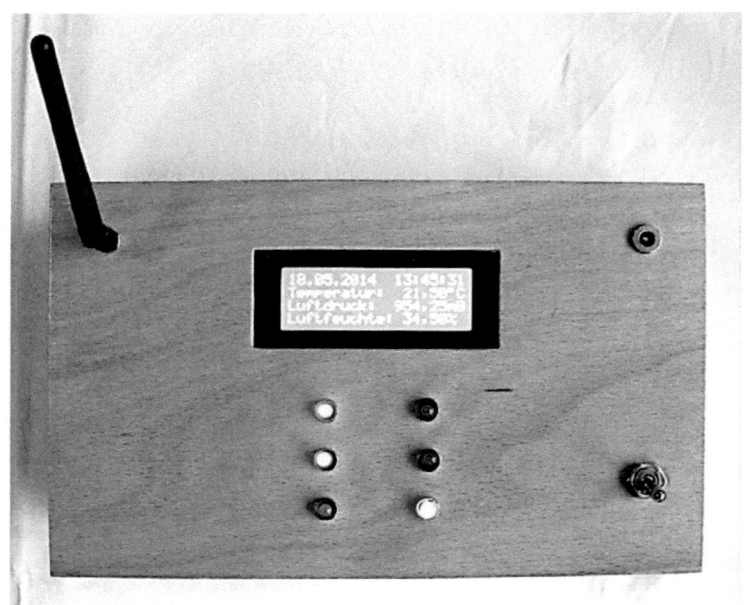

Abbildung 9: Kommandozentrale (Steuer- und Anzeigepult)

Das verbaute Display besteht aus vier Zeilen à 20 Zeichen zur Ausgabe von Uhrzeit, Temperatur, Luftdruck und Luftfeuchtigkeit. Das Display wird über I^{2}C mit dem Mikrocontroller verbunden. Die Versorgungsspannung beträgt 5V und wird an den jeweiligen Pins am Mikrocontroller mit dem 5V-Ausgang und Ground verbunden. Die Datenübertragung erfolgt über die Anschlüsse SCA und SDA, sowohl am Display als auch am Mikrocontroller [18].

Um die Uhrzeit am Display anzeigen zu können, wird in der Kommandozentrale auch ein Echtzeit-Uhr-Modul verbaut. Das verwendete Modul wird ebenfalls über eine I^{2}C-Schnittstelle mit dem Mikrocontroller im Steuerpult verbunden. Die Anzeige erfolgt als Datum in Tag, Monat und Jahr und als Uhrzeit in Stunden, Minuten und Sekunden, im AM/PM Standard. Die Speicherung der eingestellten Werte von Datum und Uhrzeit erfolgt auf einem Mikrochip, der durchgehend über eine Batterie mit Gleichstrom versorgt wird und mittels Oszillator den Takt behält [19].

Zur Visualisierung der jeweiligen Akkuzustände, die im Folgenden genauer beschrieben werden, werden am Anzeigepult jeweils zwei LEDs für jeden der drei eingesetzten Akkus montiert. Damit werden von der Kommandozentrale aus die noch vorhandenen Restakkuladungen der drei unterschiedlichen Spannungsversorgungen überwacht. Das Leuchten der grünen LED bedeutet, dass eine Restakkuladung von über 30% vorhanden ist. Das Blinken der roten LED zeigt einen Restakku zwischen 30% und 10% an. Wenn das Blinken der roten LED in ein dauerhaftes Leuchten übergeht, ist die vorhandene Akkuladung auf unter 10% gesunken und die jeweilige Komponente muss an eine Ladestation angeschlossen werden.

4 Spannungsversorgung und -überwachung

Zur Spannungsversorgung der einzelnen Komponenten werden drei unterschiedliche Akkus verbaut. Akkus sind mehrmals verwendbar, wesentlich preiswerter als Batterien und umweltschonender. Akkus unterscheiden sich nicht nur in ihren Abmessungen, sondern vor allem auch in ihren technischen Eigenschaften und dem Prinzip, das ihnen zugrunde liegt. Am bekanntesten ist der Blei-Akku, der z.B. als Autobatterie in Kraftfahrzeugen verbaut ist. In vielen Haushalten finden sich Nickel-Cadmium oder Nickel-Metallhydrid-Akkus, mit denen beispielsweise kleine Geräte der Unterhaltungselektronik betrieben werden.

4.1 Akkutypen

Ein bestimmter Akku ist nicht automatisch für alle Einsatzgebiete vorgesehen. Typische Haushalts-Akkus können beispielsweise nur relativ geringe Ströme abgeben und benötigen lange Ladezeiten. Damit sind sie für den Raupenroboter samt Kommandozentrale unbrauchbar und finden deshalb nur in der Fernbedienung des PS3 Controllers ihren Einsatz.

Für den Roboter ist ein hochstromfähiger Akku erforderlich, der kurzzeitig die Entnahme sehr hoher Ströme zulässt und auch schnellladefähig ist. Diese Vorgaben werden von verschiedenen Akkutypen, wie Nickel-Metallhydrid oder Lithium-

Polymer, bedient. Neben der Energiedichte ist auch die entnehmbare Leistung, die sogenannte Leistungsdichte, ein Kriterium für Akkus. Dieser Zusammenhang zwischen Energie- und Leistungsdichte kann in einem sogenannten Ragone-Diagramm dargestellt werden. Abbildung 10 zeigt dies für einige der im Folgenden besprochenen Energiequellen [20].

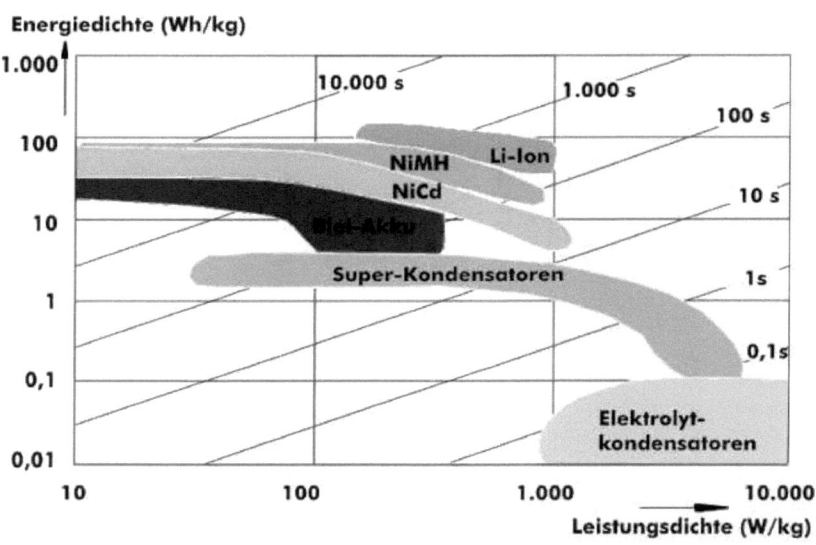

Abbildung 10: Energiedichte in Abhängigkeit der Belastung (Ragone-Diagramm) [20]

Aus Abbildung 10 ist ersichtlich, dass mit zunehmender Belastung (in W/kg) die entnehmbare Energie (in Wh/kg) sinkt. Die stärkere Belastung kommt auch in einer kürzeren Entladezeit (10.000s bis 0,1s, dargestellt durch die Geraden) zum Ausdruck. In Folge werden die wichtigsten Akkutypen des Diagramms, die für das Projekt in Frage kommen, genauer beschrieben [20].

4.1.1 Nickel-Cadmium-Akku

Eine NiCd-Zelle speichert eine Spannung von 1,2V, womit ihre Spannungshöhe im Vergleich zu üblichen Mignon-, Micro-, Baby- oder Monozellen um 20% geringer ist. Nickel-Cadmium-Akkus zeichnen sich durch ihre Langlebigkeit und hohe

26

Energiedichte aus. Des Weiteren sind sie robust und kälteresistent. Die wichtigsten technischen Daten werden in Tabelle 3 angeführt.

Nennspannung pro Zelle	1,2V
Minimale Entladespannung je Zelle	0,85V
Maximaler Entladestrom	bis über 20C
Ladezyklen	500 bis 1000
Selbstentladung pro Monat	15% der Nennkapazität

Tabelle 3: Technische Daten NiCd-Akkus [20]

Seit September 2008 dürfen laut Vorgaben der EU keine NiCd-Zellen mehr produziert, gehandelt oder importiert werden, da sie das Umweltgift Cadmium enthalten. Als Alternative für NiCd-Akkus gelten neuere NiMH-Akkus, die ebenfalls in der Lage sind, hohe Ströme abzugeben [20].

4.1.2 Nickel-Metallhydrid-Akku

Für den NiMH-Akku spricht, dass er große Energiemengen zu speichern vermag. NiMH-Zellen haben, genauso wie auch die NiCd-Vorgänger, eine Zellenspannung von 1,2V und liegen ebenfalls unter den 1,5V der Alkali-Mangan-Batterien (siehe Tabelle 4). Die Energiedichte einer NiMH-Zelle ist mehr als doppelt so hoch wie die einer NiCd-Zelle. Damit verbunden bieten NiMH-Zellen eine doppelt so hohe Laufzeit. Für NiMH-Akkus spricht auch die Entnahmefähigkeit hoher Ströme, die bei auftretenden Belastungsspitzen im Raupenroboter gefordert werden.

Nennspannung pro Zelle	1,2V
Minimale Entladespannung je Zelle	0,9V
Maximaler Entladestrom	bis 15C
Ladezyklen	300 bis 600
Selbstentladung pro Monat	30% der Nennkapazität

Tabelle 4: Technische Daten NiMH-Akkus [20]

NiMH-Akkus reagieren empfindlich auf falsche Polung, Über- und Tiefenentladung und Überhitzung. Die daraus resultierende Verringerung der Kapazität lässt sich jedoch wieder rückgängig machen. Etwa, indem der Akku unter Last auf 1V entladen und anschließend wieder schonend geladen wird. NiMH-Zellen weisen eine relativ hohe Selbstentladung auf, weshalb sie erst kurz vor ihrem beabsichtigten Gebrauch geladen werden sollten [20].

4.1.3 Lithium-Ionen-Akku

Der Lithium-Ionen-Akku zählt zu den am weitesten verbreiteten Akkutypen. Als Kurzbezeichnung sind Li-Io- oder Li-Ion-Akku üblich. Anders als andere Akkus haben Lithium-Akkus mit 3,6V eine relativ hohe Betriebsspannung, wie in Tabelle 5 gezeigt. Um diesen Wert mit einem NiMH-Akku zu erreichen, müssen drei Zellen in Serie geschaltet werden. Li-Ion-Akkus finden vor allem in Handys, Navigationsgeräten und Notebooks Anwendung. Dieser Akkutyp zeichnet sich durch eine sehr hohe Energiedichte aus. Für ihn sprechen weiter eine konstante Spannung, die über den gesamten Entladezeitraum ausgegeben wird, sowie die thermische Stabilität. Bei Li-Ion-Akkus tritt auch kein Memory-Effekt auf.

Nennspannung pro Zelle	3,6V
Minimale Entladespannung je Zelle	2,5V
Maximaler Entladestrom	3C bis 10C
Ladezyklen	200 bis 500
Selbstentladung pro Monat	8% der Nennkapazität

Tabelle 5: Technische Daten Li-Ion-Akkus [20]

Bei niedrigen Temperaturen nimmt der Wirkungsgrad der Zellen stark ab. Sie sind sehr teuer und können keine hohen Ströme liefern. Lithium-Ionen-Akkus haben im Modellbau nur noch geringe Bedeutung und werden vom verwandten LiPo-Akku weitgehend abgelöst [20].

4.1.4 Lithium-Polymer-Akku

Der Lithium-Polymer-Akku (LiPo oder auch LiPoly) ist eine Weiterentwicklung des Lithium-Ionen-Akkus. Im Gegensatz zu Li-Ion-Akkus haben LiPo-Akkus keinen flüssigen, sondern einen auf Polymer-Basis bestehenden Elektrolyten, der als feste bis gelartige Folie vorliegt. Die Komponenten des LiPo-Akkus lassen sich in Schichtbauweise zusammenstellen. Auf diese Weise können sehr dünne Akkus in beliebiger Form hergestellt werden. Die Lithium-Polymer-Zelle liefert eine Nennspannung von 3,7V, wie in Tabelle 6 ersichtlich. Voll aufgeladen beträgt ihre Maximalspannung 4,2V. Sie darf höchstens bis zu einer Mindestspannung von 3,0V entladen werden, ohne Schaden zu nehmen. Wird sie darunter entladen, entsteht eine Tiefenentladung. Lithium-Polymer-Akkus halten bei sachgerechter Handhabung rund 200 bis 500 Ladezyklen stand, ohne merklich an Leistung zu verlieren.

Nennspannung pro Zelle	3,7V
Minimale Entladespannung je Zelle	3,0V
Maximaler Entladestrom	bis 50C
Ladezyklen	200 bis 500
Selbstentladung pro Monat	8% der Nennkapazität

Tabelle 6: Technische Daten LiPo-Akkus [20]

Im Vergleich zu anderen Akkutypen bedürfen LiPos einer sehr intensiven Pflege. Sie reagieren empfindlich auf Tiefenentladung und Überladung. Erreicht man einen der beiden Zustände, beginnen die Zellen intensiv zu gasen und können im Extremfall sogar explodieren. Anders als bei Nickel-Akkus, ist das Laden von LiPos eher schwierig und erfordert Ladegeräte, die dafür gerüstet sind. Ein LiPo-Akku darf an einer Ladestation nicht unbeaufsichtigt geladen oder entladen werden. Ebenfalls ist für eine nicht brennbare Unterlage zu sorgen [20].

4.1.5 Blei-Akku

Blei-Akkus sind die ältesten Akkus und in allen Autos zu finden. Es gibt sie aber auch in kleineren Ausführungen, die für den Modellbau geeignet sind. Für sie sprechen der günstige Preis, ihre Robustheit und die fast völlige Wartungsfreiheit. Blei-Akkus sind allerdings sehr schwer. Sie werden oft in Modellfahrzeugen verbaut, die sich langsam fortbewegen und bei denen das Gewicht keine Rolle spielt, was aber beim Raupenroboter nicht der Fall ist. Blei-Akkus haben eine Zellen-Nennspannung von 2Volt, wie aus Tabelle 7 hervorgeht.

Nennspannung pro Zelle	2,0V
Minimale Entladespannung je Zelle	1,7 V
Maximaler Entladestrom	10C
Ladezyklen	200 bis 300
Selbstentladung pro Monat	8% der Nennkapazität

Tabelle 7: Technische Daten Blei-Akkus [20]

Der Nachteil von Blei-Akkus liegt darin, dass sie kälteempfindlich sind. Je kälter es ist, umso mehr bricht die Klemmspannung bei Belastung ein, womit die zu versorgenden Antriebe immer weniger Energie erhalten. Des Weiteren sinkt die Kapazität bei tiefen Temperaturen stark ab [20].

4.2 Verbauter Akkutyp

Beim mobilen Wetterroboter mit Kommandozentrale wird die Spannungsversorgung in drei Teile aufgeteilt. Als Akkutyp wird der Nickel-Metallhydrid-Akku verwendet, da er auf Grund der oben angeführten Punkte am besten für dieses Projekt geeignet ist. Wegen der unterschiedlichen Belastungen der einzelnen Komponenten werden drei Akkus mit verschiedenen Nennspannungen und –strömen verbaut.

Für den mechanischen Anteil des Kettenroboters, der über den Motortreiber am Motorshield das Fahrwerk antreibt, wird ein NiMH 10,8V/4Ah Powerpack [21] für die Versorgung der zwei Gleichstrommotoren verwendet. Da der TB6612 MOS-FET Motortreiber mit einer Gleichspannung von 10V versorgt werden muss und eine Stromaufnahme von bis zu 3A hat, ist die Entscheidung auf dieses Akku-Modul gefallen. Um die Steuerung und Regelung des Roboters inklusive seiner Sensoren zu ermöglichen, wird zusätzlich noch ein NiMH 6V/3,7Ah Akku [21] am Raupenfahrzeug verbaut, der den Mikrocontroller UNO Rev 3 samt Prozessor mit Energie versorgt. In der Kommandozentrale wird ebenfalls ein eigener Akku verbaut. Da hier zwei Mikrocontroller (Mega 2560 und UNO Rev 3) benötigt werden, um die geforderten Aufgaben realisieren zu können, ist ein stärkerer Akku erforderlich. An der Kommandozentrale kommt ein NiMH 9,6V/2,3Ah Powerpack [21] zum Einsatz, der die zwei Prozessoren, das LCD zur Ausgabe der Wetterdaten und noch weitere Bauteile mit Strom versorgt. Im Folgenden ist die gemessene Stromaufnahme des Raupenroboters und der Kommandozentrale ersichtlich.

1.) Raupenroboter

- Stromaufnahme Arduino Uno Rev 3 (gemessen) $I_{Mega} = 115mA$
- Stromaufnahme Adafruit Motorshield v2 (gemessen) $I_{Motorshield} = 1000mA$

2.) Kommandozentrale

- Stromaufnahme Arduino Uno Rev 3 (gemessen) $I_{Mega} = 100mA$
- Stromaufnahme Arduino Mega 2560 (gemessen) $I_{Mega} = 177mA$

Daraus lässt sich eine Laufzeit für die einzelnen Akkus aus der Dauerbelastung errechnen. Aus der allgemeinen Formel zur Berechnung von Stromaufnahme pro Zeiteinheit werden die Werte für die einzelnen Akkus in A/h berechnet, wie im Folgenden ersichtlich ist.

$$Laufzeit\ [h]: \frac{Akkukapazität}{gemessenen\ Strom} \qquad (2)$$

Daraus ergeben sich die folgenden Laufzeiten für den Raupenroboter und die Kommandozentrale.

1.) Raupenroboter

$$Laufzeit\ Arduino\ UNO\ Rev\ 3: \frac{3,7Ah}{0,530A} = 6,98h \qquad (3)$$

$$Laufzeit\ Adafruit\ Motorshield\ v2: \frac{4Ah}{1A} = 4h \qquad (4)$$

2.) Kommandozentrale

$$Laufzeit\ Arduino\ (UNO\ Rev\ 3 + Mega\ 2560): \frac{2,3Ah}{(0,1A+0,177A)} = 8,30h \qquad (5)$$

Aus den Berechnungen geht hervor, dass die Akkus passend zueinander gewählt sind, da eine annähernd gleiche Laufzeit der einzelnen Komponenten gewährleistet wird. Auch zur Erfüllung der an die mobile Roboter-Wetterstation gestellten Aufgaben ist die Akkulaufzeit ausreichend, da kein Dauerbetrieb von mehr als vier Stunden vorgesehen ist.

4.3 Eingebaute Spannungsüberwachung

In der mobilen Roboter-Wetterstation wird für jeden Akku eine separate Spannungsüberwachung verbaut. Die Anzeige erfolgt je Akku mit zwei LEDs, die unterschiedliche Zustände signalisieren können. Die technische Umsetzung erfolgt mittels Spannungsteiler [22], der auf den jeweiligen Spannungsabfall reagiert. In Abbildung 11 ist ein elektrischer Schaltplan für die Spannungsüberwachung der Kommandozentrale dargestellt. Darauf ist die schematische Verkabelung auf der Lochplatine in der Kommandozentrale ersichtlich, welche die optische Zustandsdarstellung der noch vorhandenen Restspannung ermöglicht. Da die analogen Eingänge des Arduino eine maximale Spannung von 5V verarbeiten können, muss ein Spannungsteiler integriert werden, der die aktuelle Akkuspannung auf die Hälfte reduziert. Am Arduino Uno Rev 3 der Kommandozentrale wird ein Programm abgearbeitet, welches die vorhandene Restspannung am Akku durch LEDs anzeigt.

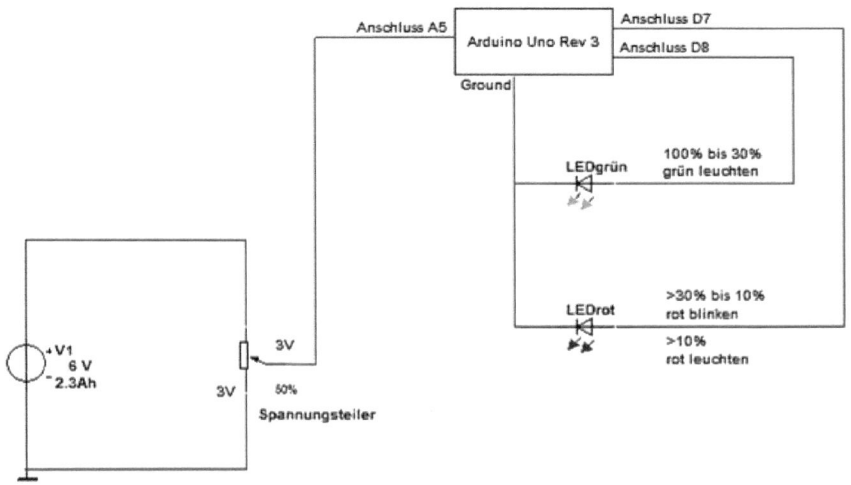

Abbildung 11: Schaltplan Spannungsüberwachung Kommandozentrale

4.4 Hochstromanschlüsse

Es gibt verschiedene Stecksysteme für unterschiedliche Anwendungen zwischen Akku und Verbraucher, wobei der Stromfluss im Vordergrund steht. Besonders Antriebs-Akkus geben kurzfristig sehr hohe Ströme ab, die über geeignete Kabel und Steckverbindungen zum Antrieb übertragen werden müssen. Steckverbindungssysteme unterscheiden sich durch ihren Innenwiderstand. Er führt zu Spannungsabfällen und Erwärmungen der Stecker und Buchsen. Sind diese unterdimensioniert, weil sie z.B. zu kleine Kontaktstifte aufweisen, können sie schmelzen. Die zahlreichen professionellen Stecksysteme sind auf hohe Betriebssicherheit ausgelegt, die bei fachgerechtem Einsatz Schäden an der Elektronik vermeiden. In der mobilen Roboter-Wetterstation werden die zwei Stecksysteme „BEC" und „Tamiya", die auch an den drei verbauten Akkus montiert sind, verwendet. Im Anschluss werden die zwei Stecksysteme kurz erläutert [20].

BEC-Stecksystem:

Das BEC-Stecksystem ist klein und kann nur geringe Ströme übertragen. Die genaue Höhe der Stromstärken, die sie übertragen können, hängt primär von den Drahtquerschnitten ab, die an den BEC-Steckern und Buchsen angelötet sind. Das BEC-Stecksystem sollte nicht mit Strömen über 5A belastet werden und wird in der vorliegenden Arbeit als Verbindung zum Spannungswächter verwendet [20].

Tamiya-Stecksystem:

Das Tamiya-Stecksystem findet sich häufig als Stromanschluss von NiMH-Akkupacks, wie auch im Fall der mobilen Roboter-Wetterstation. Plus- und Minuspol sind in separaten Kammern mit einer Nase versehen, an der ein Haken der Buchse eingreift. Das Tamiya-Stecksystem ist für den Stromverbrauch einer sogenannten Standard-Motorisierung ausgelegt, die sich an 500er-Elektromotoren orientiert. Der Motor nimmt 15A bis 20A auf, was genau dem Strom entspricht, für den das Tamiya-Stecksystem ausgelegt ist. Deshalb wird in der vorliegenden Arbeit dieses Stecksystem als Verbindung der Spannungsversorgung zwischen Akku und Verbraucher verwendet [20].

4.5 Schalter

Die Schalter, die einmal am Raupenfahrzeug als sechspoliger Kippschalter und einmal an der Kommandozentrale verbaut sind, werden als dreipolige Kippschalter bezeichnet. Die Besonderheit dieser Schalter liegt in den drei Stellungen (Ein/Aus/Ein). Auf 0 ist der Strom ausgeschalten und der Akku vom inneren Stromkreis der jeweiligen Komponente getrennt, was den Vorteil bringt, dass beim Anschließen des Netzteiles an die Ladebuchse nicht der komplette elektrische Schaltkreis mit Strom durchflossen, sondern nur der Akku geladen wird. Steht der

Schalter auf Stellung 1, ist der Strom ausgeschalten und der Roboter als auch das Steuerpult sind abgeschaltet und nicht in Betrieb. Auf 2 fließt Strom und die jeweiligen Komponenten können benutzt werden [23]. Beim Raupenfahrzeug wird ein sechspoliger Schalter verwendet, da hier zwei unterschiedliche, getrennte Akkus verwendet werden und deshalb auch eine galvanische Trennung notwendig ist. Bei der Kommandozentrale reicht ein dreipoliger Kippschalter aus, da hier nur ein Akku zur Stromversorgung zum Einsatz kommt.

5 Entwicklung und Konstruktion

Der Kettenroboter mit Kommandozentrale kann in drei Baugruppen aufgeteilt werden (siehe Abbildung 12):

- Chassis, auf dem die Elektronik und der Mast mit den Sensoren montiert werden

- Raupenantrieb mit Ketten, Zahnrädern und Getriebemotoren

- Steuer- und Anzeigepult als Kommandozentrale

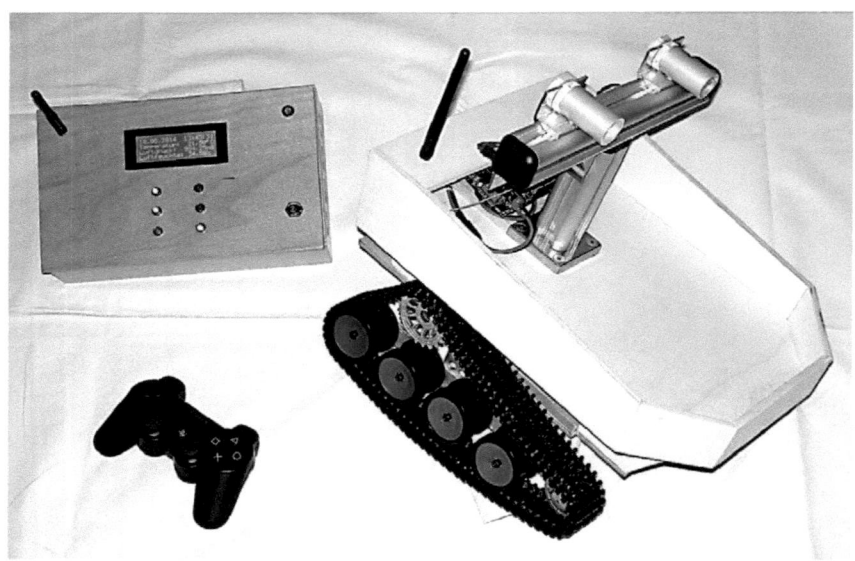

Abbildung 12: Raupenroboter mit Kommandozentrale und Fernsteuerung

5.1 Konstruktion und Aufbau des Chassis

Dieser Punkt gliedert sich in Materialauswahl, Dimensionierung und Konstruktion. Da der Haupteinsatzzweck des Kettenroboters darin liegen soll, sich in unwegsamen Gelände und bei unwirtsamen Bedingungen fortbewegen zu können, Messdaten aufzuzeichnen und zu versenden, muss das Chassis ebenso stabil wie gewichtsreduziert gebaut werden. Nach eingehendem Studium unterschiedlicher Materialien [24] wird eine 8mm dicke Mehrschichtplatte aus Buchenholz für den Aufbau des Chassis verwendet. Die verwendete Platte ist eine aus fünf Holzschichten bestehende Buchenplatte, die mit wasserfestem Leim (Phenolharz) gegeneinander versperrt (querverleimt) werden. Bei der Querverleimung werden die einzelnen Lagen mit einer Maserung um 90° versetzt miteinander verbunden. Für die Oberflächenbehandlung wird eine flüssige Kunstharzbeschichtung verwendet.

Die Dimensionierung wird an die Maße des bestehenden Raupenantriebes angepasst und mit einer Länge von 385mm, einer Breite von 276mm und einer Höhe von 80mm festgelegt. Diese Dimension des Chassis ermöglicht den Einbau der unterschiedlichen Elektronik-Bauteile und die Aufnahme des Masts für die Sensoren.

Der Mast wird aus einem Coaxis Säulenprofil aufgebaut [25]. Das Säulenprofil ist aus beschichtetem Aluminium gefertigt und dadurch witterungsbeständig und von geringem Eigengewicht. Um das Profil am Chassis befestigen zu können, muss ein Gewinde in die mittlere Bohrung geschnitten werden. Für die Größe der Bohrung wird ein M10 Gewindeschneider verwendet und in drei Vorgängen, von der groben über die mittlere und letztlich der feinen Bohrung durchgeführt. Danach kann das Profil mithilfe einer Bodenplatte und einer Schraube der M10 Norm am Boden des Chassis befestigt werden.

Die Sensoren werden mithilfe von geeigneten Winkelstücken auf den Schienen befestigt und am Mast montiert [25]. Der Vorteil dieser Befestigungsmöglichkeit liegt darin, dass im Inneren des Masten eine feste elektrische Verkabelung, die vor äußeren Witterungseinflüssen geschützt ist, besteht und dadurch bei Beschädigung oder anderen Anwendungsszenarien nur die Sensoren ausgetauscht werden müssen.

Die Konstruktion des in Abbildung 13 dargestellten Chassis erfolgt anhand der oben festgelegten Dimensionierung. Die Besonderheit am Aufbau liegt im Frontbereich des Kettenroboters, da hier die Holzplatten auf Gehrung geschnitten und verleimt werden müssen. Auch die Montage des Masten stellt eine Herausforderung dar, da durch die Höhe der montierten Sensoren besonders auf das Gleichgewicht des Roboters Rücksicht genommen werden muss, damit er beim Überfahren von Hindernissen nicht umkippt. Um eine ausreichende Belüftung der Akkus zu gewährleisten, wurde im hinteren Bereich des Roboters ein Gitter verbaut, das eine Luftzirkulation ermöglicht.

Abbildung 13: Raupenroboter mit Chassis und Sensorenmast

5.2 Konstruktion und Aufbau der Kommandozentrale

Die Kommandozentrale wird aus denselben Materialien wie das Raupenchassis gefertigt. Es wird ebenfalls eine 8mm dicke Mehrschichtplatte aus Buchenholz als Grundmaterial verwendet. Um auch hier kein Überhitzen der elektrischen Bauteile zu riskieren, wird ein Belüftungsgitter zur Kühlung der Akkus verbaut. Die einzelnen Platten werden miteinander verleimt und mit Kunstharz beschichtet, um Bohrungen in die Oberfläche zu vermeiden und die Langlebigkeit des Bauteils zu erhöhen.

6 Programmierung

Die Software-Komponenten teilen sich grundsätzlich auf die zwei Komponenten Kommandozentrale und Raupenroboter auf, in denen jeweils ein Arduino Uno Rev 3 Mikrocontroller verbaut und dementsprechend programmiert ist. Die Programme werden in der integrierten Software Entwicklungsumgebung (IDE) AVR Atmel Studio 6[1] entwickelt. Die Atmel Studio IDE ist eine Open-Source-Software vom Mikrocontroller Hersteller Atmel, die unter anderem einen Editor, einen AVR GNU C Compiler (GCC), einen Simulator und einen Programmer beinhaltet. Die Entwicklungsumgebung kann sowohl unter Windows und Mac OS X als auch unter Linux verwendet werden. Mit der Atmel Studio IDE kann zusätzlich zum Schreiben und Kompilieren des Quellcodes auch das Programm an die Hardware gesendet werden. Die Programme, die im Atmel Studio für ein Arduino Mikrocontroller-Board geschrieben werden, heißen Sketches und bestehen aus einer Initialisierungsfunktion `Setup()` und einer Endlosschleife `Loop()`. In der Entwicklungsumgebung sind Bibliotheksfunktionen und Programmbeispiele integriert [26].

6.1 Kommunikation und Datenaustausch

Um einen Datenaustausch zwischen den einzelnen Hardware Komponenten zu ermöglichen, muss eine geeignete Software entwickelt werden. Dazu werden bereits vorhandene Sourcecodes, die in den gleichnamigen Libraries im Internet verfügbar sind, verwendet und weiterentwickelt. Tabelle 8 zeigt eine Auflistung aller verwendeten C-Sourcecode-Dateien. Zusätzlich gibt es für jedes C-Sourcecode-Modul eine dazugehörige Header-Datei, die in der Tabelle nicht explizit angeführt werden [8].

---

[1] http://www.atmel.com/tools/atmelstudio.aspx

Dateiname	Kurzbeschreibung
Wire.c	Dieses Modul beinhaltet die Funktionen der I^2C Komponenten, welche für die I^2C Teilnehmer benötigt werden.
DHT22.c	Enthält die Funktionen zur Kalibrierung und Messung des Luftfeuchtigkeitssensors.
Adafruit_MotorShield.c	Spezifische Funktionen für Motor und Motortreiber werden in dieser Datei mitgeliefert. Dadurch ist es möglich die zwei in der Raupe verbauten DC-Motoren genau anzusteuern und eine saubere Fahrbewegung umzusetzen.
PS3BT.c	Wird zur Verarbeitung der Bluetooth-Signale des PlayStation 3 Controllers eingebunden.
UsbHub.c	Ist ein Modul, mit dem es möglich ist unterschiedliche Anwendungen über das USB-Shield zu programmieren und zu steuern.
LiquidCrystal.c LiquidCrystal_I2C.c	Mit diesen zwei Dateien werden Funktionen mitgeliefert, die ein problemloses Ansteuern des LCDs ermöglichen. Die erste Datei liefert die Grundfunktionen zur Programmierung des Displays. Mit der zweiten Datei kann das Display über die I^2C Schnittstelle des Mikrocontrollers angesprochen werden.
Time.c DS1307RTC.c	Diese zwei Dateien werden zur Programmierung des Real-Time-Clock-Moduls verwendet. Die erste Datei ermöglicht ein Auslesen der Systemzeit vom PC, an dem die IDE ausgeführt wird. Die zweite Datei beinhaltet die Grundfunktionen zum Setzen und Auslesen der Datums- und Uhranzeige am Modul selbst.

Tabelle 8: Auflistung Sourcecode-Dateien [8]

Im Folgenden werden die Sourcecode-Module, die im Wesentlichen für die Kommunikation zwischen den einzelnen Komponenten programmiert werden, beschrieben. Grundsätzlich gliedert sich die Software, die im Rahmen dieses Projektes erschaffen wurde, in drei Teile. Für alle hier nicht beschriebenen Module sei auf die Dokumentation im Sourcecode bzw. den Sourcecode selbst verwiesen.

6.1.1 Umsetzung der Raupensteuerung

Die Fusionierung der Sensordaten erfolgt im Modul RaupenSteuerung.c. Mittels I^2C und eigens erstellten Funktionen wird der Luftdruck ermittelt. Im Folgenden wird Formel (1) für die Berechnung der relativen Höhe in einem C-Programm umgesetzt, wie in Listing 1 ersichtlich. Die hier übergebene lokale float-Variable pressure muss vom Sensor ausgelesen und der Funktion übergeben werden.

```
1   float pressure = bmp085GetPressure(bmp085ReadUP());
2
3   float calcAltitude(float pressure){
4
5       float A = pressure/101325;
6       float B = 1/5.25588;
7       float C = pow(A,B);
8       C = 1 - C;
9       C = C /0.0000225577;
10
11      return C;
12 }
```

Listing 1: Berechnung des Luftdrucks

Temperatur und Luftfeuchtigkeit werden mit Hilfe der bereits gegebenen Library-Funktionen aus dem Modul DHT22.c ausgelesen und verarbeitet. Anschließend werden die drei gemessenen Sensordaten mit Hilfe eines eigens definierten Protokolls über das angeschlossene XBee-Shield seriell über Funk an die Kommandozentrale übertragen. Als Startsignal werden die Buchstaben "A" für die Temperatur, "B" für den Luftdruck und "C" für die Luftfeuchtigkeit verwendet. Als Stoppsignal wird der Buchstabe "X" für alle drei Sensordaten gewählt, da am Ende der Übertragung keine Unterscheidung getroffen werden muss (siehe Listing 2).

```
1    Serial.print("A");
2    Serial.print(temperature_data);
3    Serial.println("X");
4
5    Serial.print("B");
6    Serial.print(pressure_data);
7    Serial.println("X");
8
9    Serial.print("C");
10   Serial.print(humidity_data);
11   Serial.println("X");
```

Listing 2: Wetterdaten der Sensoren mit Übertragungsprotokoll

Umgekehrt werden die Daten der Pultsteuerung, auf die im Anschluss genauer eingegangen wird, über das XBee-Modul empfangen. Die Daten werden ebenfalls mit einem definierten Protokoll inklusive Steuerzeichen gesendet und auf Roboterseite ausgelesen. Im Prinzip empfängt der Roboter seriell über Funk die X- und Y-Werte eines kartesischen Koordinatensystems. Die ausgelesenen Steuerkommandos werden an weitere Funktionen übergeben, die über die Library des Adafruit_MotorShield.c Moduls eingebunden werden. Damit kann die Motorsteuerung über das angeschlossene Motorshield umgesetzt werden. Somit ist es möglich, den Roboter über ca. 100m abzusetzen und fernzusteuern [27].

6.1.2 Umsetzung der Pultsteuerung

Das Modul PultSteuerung.c umfasst hauptsächlich das Einlesen der Steuerdaten des PS3-Joysticks. Dazu muss über das angeschlossene USB-Shield und den daran montierten Bluetooth-Dongle der Wert eingelesen und mittels eigens definierten Protokolls weiterverarbeitet werden. (Das Einlesen der Koordinatenwerte erfolgt mit Hilfe der über das PS3BT.c Modul vorgegebenen Funktionen.) Das Protokoll besteht aus einem Steuerzeichen für den Beginn und für das Ende des eigentlichen Wertes. Um keinen Pufferüberlauf zu erhalten, dürfen die Werte nur mit einer Laufzeitverzögerung von 200 Millisekunden verarbeitet werden. Wichtig ist dabei, dass keine allgemeine Verzögerung des Programms, wie sie z.B. mit einem delay()

erfolgt, eingebaut wird, da sich diese Verzögerung auf das gesamte Programm auswirkt und es zu Fehlern kommt. Dieses Protokoll kann dann in der Endlosschleife loop() laufend an den Roboter weitergesendet werden, wie in Listing 3 ersichtlich ist.

In Zeile 3 wird der USB-Bluetooth-Dongle softwaremäßig gestartet und in Zeile 5 überprüft, ob eine Verbindung mit dem PlayStation 3 Controller besteht. Anschließend wird der rechte Joystick des Controllers ausgelesen und die Werte mit Hilfe des Protokolls an den Raupenroboter gesendet. Als Startsignal werden die Buchstaben "D" für die Werte der X-Achse und "E" für die Werte der Y-Achse des Joysticks verwendet. Als Stoppsignal des Übertragungsprotokolls wird der Buchstabe "X" für beide Koordinatenangaben gewählt.

```
1    void loop()
2    {
3         Usb.Task();
4
5         if (PS3.PS3Connected || PS3.PS3NavigationConnected)
6         {
7              PS3.getAnalogHat(RightHatX);
8              PS3.getAnalogHat(RightHatY);
9
10             unsigned long Laufzeit2 = millis();
11             if ((Laufzeit2 - Zeit2) > Dauer2)
12             {
13                  int Zeitdauer2 = (Laufzeit2 - Zeit2);
14                  Zeit2 = Laufzeit2;
15
16                  Serial.flush();
17                  Serial.print("D");
18                  Serial.print(PS3.getAnalogHat(RightHatX));
19                  Serial.println("X");
20
21                  Serial.flush();
22                  Serial.print("E");
23                  Serial.print(PS3.getAnalogHat(RightHatY));
24                  Serial.println("X");
25                  Serial.println();
26             }
27        }
28   }
```

Listing 3: Steuerdaten des PS3 Controllers mit Übertragungsprotokoll

Ebenfalls dazu wird noch die Spannungsüberwachung mit Hilfe der optischen Anzeige durch insgesamt sechs LEDs in diesem Programm umgesetzt [28].

6.1.3 Umsetzung der Pultanzeige

Das Modul PultAnzeige.c übernimmt das Einstellen und Halten der Datums- und Uhrzeitanzeige, sowie das Ausgeben der Daten auf dem angeschlossenen LCD. In Listing 4 ist das Auslesen des oben erstellten Protokolls für die Wetterdaten erkennbar. Über die I^2C-Schnittstelle werden die Datums- und Zeitanzeige eingebunden und verarbeitet. Ebenso wird das LCD mittels spezieller Funktionen initialisiert und die von der Pultsteuerung empfangenen Sensordaten formatiert und angezeigt [28].

In Listing 4 wird in Zeile 3 der jeweils empfangene Wert in der Hilfsvariable help zwischengespeichert. Anschließend werden weitere Schleifen durchlaufen, in denen die Variable help überprüft wird. Die if-Schleife in Zeile 5 überprüft ob der Buchstabe "A" des Übertragungsprotokolls in der Hilfsvariable gespeichert ist. Wenn dies der Fall ist, werden mit Hilfe einer while-Schleife die folgenden Werte so lange eingelesen und in Zeile 12 in die Variable wert1 akkumuliert und gespeichert, bis der Buchstabe "X", welcher das Stoppsignal darstellt, eingelesen wird. In der while-Schleife werden Berechnungen ausgeführt, welche eine positive oder eine negative Temperatur zum Ergebnis haben und anschließend in die Variable temperature abgespeichert. Ähnlich erfolgt der weitere Ablauf mit den Buchstaben "B" und "C" des Übertragungsprotokolls, bei denen die weiteren Sensordaten Luftdruck und Luftfeuchtigkeit, zeichenweise eingelesen und verarbeitet werden.

```
1    if (Serial.available() > 0 )
2    {
3         char help = Serial.read();
4
5         if(help == 'A')
6         {
7              while(help != 'X')
8              {
9                   help = Serial.read();
10                  if(isDigit(help))
11                  {
12                       wert1 = (wert1*10)+(help - '0');
13                  }
14                  else if(help == '-'){
15                       sign = -1;
16                  }
17             }
18             wert1 = wert1 * sign;
19             tempdat = wert1;
20             wert1 = 0;
21             sign = 1;
22             temperature = ((float)tempdat / 100);
23        }
24
25        else if(help == 'B')
26        {
27             while(help != 'X')
28             {
29                  help = Serial.read();
30                  if(isDigit(help))
31                  {
32                       wert2 = (wert2*10)+(help - '0');
33                  }
34             }
35             presdat = wert2;
36             wert2 = 0;
37             pressure = ((float)presdat / 100);
38        }
39
40        else if(help == 'C')
41        {
42             while(help != 'X')
43             {
44                  help = Serial.read();
45                  if(isDigit(help))
46                  {
47                       wert3 = (wert3*10)+(help - '0');
48                  }
```

```
49              }
50              humidat = wert3;
51              wert3 = 0;
52              humidity =((float)humidat / 100);
53          }
54 }
```

Listing 4: Auslesen der Wetterdaten aus Übertragungsprotokoll

7 Versuche und Erkenntnisse

An der fertig konstruierten und programmierten mobilen Roboter-Wetterstation werden einige Testläufe und Versuche unternommen. Die Tests betreffen dabei unterschiedliche Komponenten, wie z.B. die Sensoren, die Datenübertragung, die Anzeige am LCD, das Fahrwerk des Raupenroboters und die eingebauten Akkus. Der Hauptzweck der Tests liegt in der Feststellung der Einsatzmöglichkeiten und ob das Fahrwerk des Raupenroboters den gestellten Anforderungen entspricht.

7.1 Sensortest

Beim Sensortest werden die zwei Wetter-Sensoren, welche die Daten über Funk übertragen, getestet. Dabei werden die Empfindlichkeit, Genauigkeit und Reaktionszeit der Sensoren überprüft.

Die mobile Roboter-Wetterstation wird in normalem Betrieb aufgebaut. Danach wird der Temperatur- und Luftfeuchtigkeitssensor sowohl mit einem Kältespray als auch mit einem Heißluftföhn behandelt, der Luftdrucksensor wird zunächst nicht beeinflusst. Die Reaktion auf die Änderung der Temperatur und gleichzeitig auch der Luftfeuchtigkeit wird per Funk an die Kommandozentrale übertragen und dort am LCD angezeigt. Um die Zeitverzögerung und die Genauigkeit der Anzeige zu messen, wird ein Voltcraft-Messgerät mit Temperaturfühler als Referenz verwendet. In Tabelle 9 werden die Testfälle mit deren Auswirkungen angeführt.

Zeit [mm:ss] Messgerät	Temperatur [°C]	Zeit [mm:ss]	Temperatur [°C] Wetterstation	Luftfeuchtig-keit [%] Wetterstation	Anmerkung
00:00	22,00	00:00	22,20	34,90	Ausgangssituation: unbehandelte Raumtemperatur, Aktion: Behandlung mit Kältespray (2s direkt auf Sensor sprühen)
00:04	-38,00	01:15	-35,80	99,90	keine Aktion setzen, warten auf Einpendelung auf Raumtemperatur
00:00	21,00	0:00	21,10	34,90	Ausgangssituation: unbehandelte Raumtemperatur, Aktion: Behandlung mit Heißluftföhn (5s Sensor erwärmen)
00:17	70,00	01:06	69,80	14,90	keine Aktion setzen, warten auf Einpendelung auf Raumtemperatur

Tabelle 9: Sensortest

Da im Datenblatt des Temperatur- und Luftfeuchtigkeitssensors [29] eine Verzögerung der Datenmessung von ca. einer Sekunde beschrieben ist, lässt dieser Test auf eine zusätzliche Verzögerung durch die Sensorträge schließen, welche auch im Datenblatt näher beschrieben ist. Die Daten am LCD werden im Testfall jede Sekunde neu geladen und dargestellt, da eine schnellere Verarbeitung mit dem Sensor nicht möglich ist. Dadurch sind die Temperatursprünge von einer Anzeige auf die nächste höher als beim Temperaturmessgerät, jedoch ist die Genauigkeit der Anzeige annähernd gleich, wodurch das Datenblatt des Sensors auch in der Praxis bestätigt wird. Es kann kein direkter Vergleich der Response Time zwischen Sensor und Temperaturmessgerät durchgeführt werden, da man hier unterschiedliche Techniken und Einsatzzwecke vergleichen würde. Für die im Datenblatt angegebene Range und Genauigkeit des Sensors, ist dieser Test aussagekräftig, da direkte Vergleiche angestellt werden können [29].

Der Luftdrucksensor wird durch die Änderung der relativen Höhe getestet. Dabei werden mittels GPS-Gerät unterschiedliche Standpunkte mit topographisch vermessenen Höhenangaben aufgesucht und die Änderung der Anzeige getestet. Der mittlere Luftdruck beträgt rund 1.013,2 Hektopascal bzw. 1,0132 bar. Ein darüber liegender Luftdruck, z.B. von 1.025 mbar, ist ein Hochdruck und ein niedrigerer Luftdruck, z.B. von 980 mbar, ein Tiefdruck. Die Abweichung des Luftdrucks zwischen vermessener Höhenschichtlinie und der Anzeige am LCD beläuft sich auf ca. 3hPa, was bei einer Temperatur von 10°C einer Abweichung im Höhenunterschied von ca. 32Hm entspricht. Da der Luftdruck mit zunehmender Höhe abnimmt, besteht ein direkter Zusammenhang zwischen absoluter Höhe und atmosphärischen Druck. Das Ergebnis der Abweichung, des in der Praxis ausgeführten Tests, ist genauer als im Datenblatt des Luftdrucksensors beschrieben wird.

7.2 Fahrwerktest

Bei diesem Test wird das Fahrwerk auf unterschiedliche Weisen getestet. Der erste Test bestimmt die Steigfähigkeit des Raupenroboters. Mit einem Neigungsmesser werden unterschiedliche Steigungen in 5°-Schritten auf Asphalt gemessen, die der Roboter in der Lage ist zu überwinden. Dabei wird ein Kipptest durchgeführt, der zeigt ab welcher Steigung bzw. bei welchem Gefälle der Roboter zu kippen beginnt. Tabelle 10 zeigt die Erkenntnisse, die aus diesem Versuch gewonnen werden.

Neigungswinkel [°]	Anmerkung
30	Bei Schrägfahrt beginnt der Raupenroboter ab einer Schräge von 30° zu kippen. Dabei verhält sich das Fahrwerk bei Belastung der linken und rechten Kette gleich, was auf einen austarierten Schwerpunkt schließen lässt.
40	Bei Abfahrt der Testrampe beginnt der Roboter ab einem Gefälle von 40° zu kippen.
45	Bei Auffahrt liegt die Kippgrenze bei 45°, was einen Unterschied von 5° zur Abfahrt darstellt. Diese Abweichung ist darauf zurückzuführen, dass der Akku im vorderen Bereich des Chassis verbaut wurde.

Tabelle 10: Fahrwerktest (Steigung)

Darüber hinaus wird die Geländegängigkeit des Raupenfahrwerks überprüft. Dabei wird getestet, wie lange das Kettenfahrzeug zur Überwindung verschiedene Untergründe auf 20m Länge und ebener Fläche benötigt. Die behandelten Testfälle werden in Tabelle 11 aufgelistet.

Untergrund	Dauer [mm:ss]	Anmerkung
PVC-Bodenbelag	1:10	Gute Traktion und starker Grip, aufgrund der schnellsten Fahrt als bester Untergrund geeignet
Asphalt	01:12	Gute Bodenhaftung, schnelle Fahrten möglich
Granitboden	1:15	Schlechte Haftreibung, durchdrehen der Ketten bei höheren Geschwindigkeiten
lose Erde	2:03	Gute Traktion und starker Grip, Dauereinsatz auf diesem Untergrund ist schwierig da die Kette sehr schnell verschmutzt und zu stocken beginnt
10cm hohes Gras	3:47	Langsame Fahrten möglich, hohe Belastung für Motoren und Antriebsakku

Tabelle 11: Fahrwerktest (Untergrund)

Daraus lässt sich schließen, dass sich der Roboter auf hartem und festem Untergrund am schnellsten fortbewegen kann. Wird die Dauer von 01:12 für die 20m Distanz auf Asphalt umgerechnet in Kilometer pro Stunde, ergibt sich daraus eine durchschnittliche Geschwindigkeit von genau 1 km/h.

7.3 Reichweitentest

Bei diesem Test wird der Raupenroboter in eine maximale Entfernung von der Kommandozentrale gefahren, bei der die Datenübertragung noch aufrecht ist. Zur möglichen Fernsteuerung des Roboters wird eine maximale Entfernung von 115m ermittelt, bei der sich der Roboter noch steuern lässt. Für die Datenübertragung der Sensordaten auf das Display wird ebenfalls eine Entfernung von 115m gemessen, da die Daten alle über das drahtlose XBee-Modul übertragen werden. Somit ist die im Datenblatt angegebene Reichweite der XBee-Module in diesem Test sogar um 15m überschritten worden, was auf ein störungsfreies, unbebautes Gelände rückzuführen ist. In verbautem Gelände, in Gebäuden oder bei Beeinflussung durch andere Funkverbindungen vermindert sich die Reichweite zwischen den beiden XBees drastisch.

Die Entfernung zwischen PlayStation 3 Controller und Kommandozentrale kann in freiem Gelände bis zu 34,80m betragen, ohne die Bluetooth-Verbindung zwischen den Geräten zu verlieren. Dieser Wert übersteigt, den im Datenblatt des PlayStation 3 Controllers, mit durchschnittlich 10m angegebenen Wert der Bluetooth-Verbindung, deutlich.

7.4 Akkutest

Mit diesem Test wird die Dauerbelastung der einzelnen Akkus geprüft. Dabei werden alle verbauten Akkus der mobilen Roboter-Wetterstation im moderaten Dauerbetrieb überprüft, ohne dabei Leistungsspitzen zu verursachen. Die Laufzeit der einzelnen Akkus kann aus Tabelle 12 entnommen werden.

Verbauter Akku	Laufzeit [hh:mm]	Anmerkung
Lithium-Polymer-Akku (3,7V/1,35Ah)	11:37	verbaut im PS3-Controller
Nickel-Metallhydrid-Akku (6V/3,7Ah)	5:41	verbaut im Raupenroboter, als Spannungsversorgung des Mikrocontrollers
Nickel-Metallhydrid-Akku (9,6V/2,3Ah)	7:08	verbaut in der Kommandozentrale, als Spannungsversorgung der beiden Mikrocontroller Arduino Uno Rev 3 und Arduino Mega 2560
Nickel-Metallhydrid-Akku (10,8V/4Ah)	3:23	verbaut im Raupenroboter, als Spannungsversorgung des Motortreibers am Motorshield

Tabelle 12: Akkutest

Bei Ausfall eines Akkus wird der Versuch gestoppt und die einzelnen Geräte ausgeschaltet. Danach wird der leere Akku über die passende Ladestation vollgeladen und im Anschluss der Versuch fortgesetzt, bis auch der letzte Akku vollständig entladen ist. Der Lithium-Polymer-Akku wird im Datenblatt des PlayStation 3 Controllers mit einer Akkulaufzeit von zwölf Stunden angegeben, was beim Test minimal unterschritten wird. Die Abweichungen der drei Nickel-Metallhydrid-Akkus zu den berechneten Werten liegen in der Tatsache, dass die Akkus einem Praxistest in freiem Gelände unterzogen werden. Die Berechnung der Akkulaufzeiten bezieht sich auf die im Datenblatt angegebenen Werte der Akkus, welche auf theoretischen Grundlagen beruhen. Der Akkutest kann nur eine Momentaufnahme bezüglich der Laufzeit darstellen, da bei mehrmaligen Tests geringfügig andere Werte gemessen werden, welche im Durchschnitt mit den Werten des Datenblattes übereinstimmen. Aus dem Test geht hervor, dass bei moderatem Betrieb, die errechneten Werte annähernd erreicht werden.

8 Zusammenfassung und Ausblick

Die Aufgabenstellung war es, einen drahtlos ferngesteuerten Roboter mit Raupenantrieb zur Aufnahme von Wettermessdaten und eine Kommandozentrale zur Auswertung der Daten und Steuerung des Roboters zu entwickeln, zu konstruieren und zu programmieren. Dafür wurde ein Raupenantrieb mit zwei Getriebemotoren verwendet, der eine Bewegung in unzugänglichem Gelände ermöglicht.

Die Realisierung des Raupenroboters inklusive Kommandozentrale stellte als Gesamtprojekt eine große Herausforderung dar, da viele Einzelkomponenten zu einem Ganzen zusammengefügt werden mussten. Die entgegengesetzte Datenübertragung über Funk, mit den Steuerkommandos der Fernsteuerung von der Kommandozentrale vorwärts zum Raupenroboter und den Messdaten vom Roboter rückwärts zum Anzeigepult erforderte viel Konstruktions- und Programmierarbeit. Dank der Fortschritte in der Programmierung der Einzelkomponenten konnten nach einigen individuellen Anpassungen die Bauteile etappenweise zusammengesetzt werden. Die Konstruktion der Hardware bestand aus den zwei Komponenten Kommandozentrale und Raupenroboter mit Chassis und Mast. Dabei war eine geeignete Materialauswahl in Bezug auf geringes Eigengewicht und Robustheit, vor allem beim Roboter, eine der wichtigsten Entscheidungen. Die größte Herausforderung war die Konstruktion eines stabilen Chassis für den Roboter, ohne dadurch an Balance zu verlieren.

Das fertiggestellte Projekt besteht aus den drei Komponenten: PlayStation 3 Controller, Kommandozentrale und Raupenroboter. Als Eckdaten sind dabei eine Reichweite von über 100m zwischen Kommandozentrale und Raupenroboter, sowie eine Laufzeit von über drei Stunden zu nennen. Ebenso stellen eine Geschwindigkeit von ca. 1km/h auf glattem, ebenen Untergrund, wie auch eine maximale Steigfähigkeit von 45° die Hauptkriterien des Raupenroboters dar.

Potentielle Erweiterungen bzw. Verbesserungen des Raupenroboters sind zusätzliche oder wahlweise ersetzende Sensoren, die einfach über die bereits darauf vorbereitete Schiene am Mast hinzugefügt bzw. geändert werden können. Für eine breitere Erfassung von Umwelt- und Wetterdaten können z.B. ein Windsensor oder ein Sensor zur Anzeige von radioaktiver Strahlung in der Umgebung ergänzt werden. Dadurch kann der Einsatzzweck des Raupenroboters auf weitere Aufgabengebiete ausgedehnt werden und somit einen größeren Arbeitsbereich abdecken. Ebenfalls ist es anstrebenswert, eine Hindernisdetektion zu integrieren, die mit Hilfe von Infrarot- oder Ultraschall-Sensoren umgesetzt werden kann. Da der Roboter bis zu einer Reichweite von ca. 100m ferngesteuert werden kann und deshalb die Möglichkeit besteht, dass nicht immer direkter Sichtkontakt gegeben ist.

9 Literaturverzeichnis

[1] Curiosity, „Mars Rover," [Online]. Available: http://link.springer.com/article/10.1007%2Fs11214-012-9892-2#. [Zugriff am 18 05 2014].

[2] Curiosity, „Mars Rover," [Online]. Available: http://www.nasa.gov/msl. [Zugriff am 18 05 2014].

[3] Monirobo, „Monitor Robot," [Online]. Available: http://gizmodo.com/5783637/monirobo-robots-deployed-at-fukushima-to-help-monitor-radiation-risks. [Zugriff am 18 05 2014].

[4] Kettenfahrwerk, „Raupenantrieb," [Online]. Available: http://www.baublatt.de/archiv/2004_2/21.pdf. [Zugriff am 18 05 2014].

[5] E. Orlemann, Das Caterpillar Jahrhundert (1.Auflage), Königswinter: Heel.

[6] Robot Store HK, „Roboter Plattformen," [Online]. Available: http://www.robotstorehk.com/metallic/metallic.html. [Zugriff am 18 05 2014].

[7] Adafruit Industries, „Adafruit Motor Shield," [Online]. Available: http://www.adafruit.com/products/1438. [Zugriff am 18 05 2014].

[8] Adruino, „Arduino Mikrocontroller," [Online]. Available: http://arduino.cc/en/Main/Products. [Zugriff am 18 05 2014].

[9] Sparkfun, „Sensor für Luftfeuchtigkeit und Temperatur," [Online]. Available: https://www.sparkfun.com/products/10167. [Zugriff am 18 05 2014].

[10] Sparkfun, „Sensor für Luftdruck und Temperatur," [Online]. Available: https://www.sparkfun.com/products/11824. [Zugriff am 18 05 2014].

[11] Deutscher Wetterdienst, „Internationale Standardatmosphäre," [Online]. Available: http://www.deutscher-wetterdienst.de/lexikon/ download.php?file=Standardatmosphaere.pdf. [Zugriff am 18 05 2014].

[12] Sparkfun, „XBee-Shield," [Online]. Available: https://www.sparkfun.com/products/10854. [Zugriff am 18 05 2014].

[13] J. Boxall, Arduino Workshops (1.Auflage), Heidelberg: dpunkt.verlag.

[14] Delock, „Delock Antennen und Kabel," [Online]. Available: http://www.delock.com/produkte/F_701_Antennen_88395/merkmale.html. [Zugriff am 18 05 2014].

[15] PlayStation, „Sony PlayStation 3," [Online]. Available: http://at.playstation.com/ps3. [Zugriff am 18 05 2014].

[16] Hama, „Bluetooth Dongle USB Adapter," [Online]. Available: https://de.hama.com/products/pc-notebook/network/bluetooth. [Zugriff am 18 05 2014].

[17] L. Salzburger, AVR-Mikrocontroller-Kochbuch (1.Auflage), München: Franzis.

[18] H. Schneider-Obermann, Basiswissen der Elektro-, Digital- und Informationstechnik (1.Auflage), Wiesbaden: Vieweg.

[19] M. Magolis, Arduino Kochbuch (1.Auflage), Köln: O'Reilly.

[20] T. Riegler, Akkus und Ladegeräte: Grundlagen, Ladepraxis und Pflege (1.Auflage), Baden-Baden: Verlag für Technik und Handwerk.

[21] Conrad Electronics, „Bauteile und Datenblätter," [Online]. Available: http://www.conrad.at/ce/de/overview/1209071/Modellbau-Akku-Powerpacks. [Zugriff am 18 05 2014].

[22] M. Werner, Nachrichtentechnik (7.Auflage), Wiesbaden: Vieweg + Teubner.

[23] C. Electronics, „Bauteile und Datenblätter," [Online]. Available: http://www.conrad.at/ce/de/product/701211/Kippschalter-250-VAC-3-A-2-x-EinAusEin-KN3-rastend0rastend-1-St?ref=list. [Zugriff am 18 05 2014].

[24] W. Weißbach, Werkstoffkunde: Strukturen, Eigenschaften, Prüfung (18.Auflage), Wiesbaden: Vieweg + Teubner.

[25] Alfer Aluminium, „Coaxis Säulenprofile," [Online]. Available: http://products.alfer.com/Produkte/Ordnungssystem/combitech-System-coaxis/System-Profile/. [Zugriff am 18 05 2014].

[26] Atmel, „Atmel Mikrocontroller," [Online]. Available: http://www.atmel.com/tools/atmelstudio.aspx. [Zugriff am 18 05 2014].

[27] A. Willemer, Einstieg in C++ (4.Auflage), Bonn: Galileo Press (Galileo Computing).

[28] J. Wolf, C von A bis Z, Bonn: Galileo Press (Galileo Computing).

[29] Exp-Tech, „Sensor für Luftfeuchtigkeit und Temperatur," [Online]. Available: http://www.exp-tech.de/Sensoren/Temperatur/Electronic-Brick-DHT11-Humidity-Temperature-Sensor-Brick.html. [Zugriff am 25 05 2014].